筑境

中国精致建筑100

1 建筑思想

风水与建筑
礼制与建筑
象征与建筑
龙文化与建筑

2 建筑元素

屋顶
门
窗
脊饰
斗栱
台基
中国传统家具
建筑琉璃
江南包袱彩画

3 宫殿建筑

北京故宫
沈阳故宫

4 礼制建筑

北京天坛
泰山岱庙
闾山北镇庙
东山关帝庙
文庙建筑
龙母祖庙
解州关帝庙
广州南海神庙
徽州祠堂

5 宗教建筑

普陀山佛寺
江陵三观
武当山道教宫观
九华山寺庙建筑
天龙山石窟
云冈石窟
青海同仁藏传佛教寺院
承德外八庙
朔州古刹崇福寺
大同华严寺
晋阳佛寺
北岳恒山与悬空寺
晋祠
云南傣族寺院与佛塔
佛塔与塔刹
青海瞿昙寺
千山寺观
藏传佛塔与寺庙建筑装饰
泉州开元寺
广州光孝寺
五台山佛光寺
五台山显通寺

6 古城镇

中国古城
宋城赣州
古城平遥
凤凰古城
古城常熟
古城泉州
越中建筑
蓬莱水城
明代沿海抗倭城堡
赵家堡
周庄
鼓浪屿
浙西南古镇廿八都

7 古村落

浙江新叶村
采石矶
侗寨建筑
徽州乡土村落
韩城党家村
唐模水街村
佛山东华里
军事村落—张壁
泸沽湖畔“女儿国”—洛水村

8 民居建筑

北京四合院
苏州民居
黟县民居
赣南围屋
大理白族民居
丽江纳西族民居
石库门里弄民居
喀什民居
福建土楼精华—华安二宜楼

9 陵墓建筑

明十三陵
清东陵
关外三陵

10 园林建筑

皇家苑囿
承德避暑山庄
文人园林
岭南园林
造园堆山
网师园
平湖莫氏庄园

11 书院与会馆

书院建筑
岳麓书院
江西三大书院
陈氏书院
西泠印社
会馆建筑

12 其他

楼阁建筑
塔
安徽古塔
应县木塔
中国的亭
闽桥
绍兴石桥
牌坊

筑境 中国精致建筑100

承德外八庙

傅清远 王立平 撰文 摄影

中国建筑工业出版社

出版说明

中国是一个地大物博、历史悠久的文明古国。自历史的脚步迈入新世纪大门以来，她越来越成为世人瞩目的焦点，正不断向世人绽放她历史上曾具有的魅力和光辉异彩。当代中国的经济腾飞、古代中国的文化瑰宝，都已成了世人热衷研究和深入了解的课题。

作为国家级科技出版单位——中国建筑工业出版社60年来始终以弘扬和传承中华民族优秀的建筑文化，推动和传播中国建筑技术进步与发展，向世界介绍和展示中国从古至今的建设成就为己任，并用行动践行着“弘扬中华文化，增强中华文化国际影响力”的使命。从20世纪80年代开始，中国建筑工业出版社就非常重视与海内外同仁进行建筑文化交流与合作，并策划、组织编撰、出版了一系列反映我中华传统建筑风貌的学术画册和学术著作，并在海内外产生了重大影响。

“中国精致建筑100”是中国建筑工业出版社与台湾锦绣出版事业股份有限公司策划，由中国建筑工业出版社组织国内百余位专家学者和摄影专家不惮繁杂，对遍布全国有历史意义的、有代表性的传统建筑进行认真考察和潜心研究，并按建筑思想、建筑元素、宫殿建筑、礼制建筑、宗教建筑、古城镇、古村落、民居建筑、陵墓建筑、园林建筑、书院与会馆等建筑专题与类别，历经数年系统科学地梳理、编撰而成。本套图书按专题分册，就其历史背景、建筑风格、建筑特征、建筑文化，结合精美图照和线图撰写。全套100册、文约200万字、图照6000余幅。

这套图书内容精练、文字通俗、图文并茂、设计考究，是适合海内外读者轻松阅读、便于携带的专业与文化并蓄的普及性读物。目的是让更多的热爱中华文化的人，更全面地欣赏和认识中国传统建筑特有的丰姿、独特的设计手法、精湛的建造技艺，及其绝妙的细部处理，并为世界建筑界记录下可资回味的建筑文化遗产，为海内外读者打开一扇建筑知识和艺术的大门。

这套图书将以中、英文两种文版推出，可供广大中外古建筑之研究者、爱好者、旅游者阅读和珍藏。

目录

009 一、外八庙的建筑由来
019 二、辉煌的建筑艺术与乾隆建筑风格
031 三、『宇内一统』的营造主题
039 四、汉藏交融的平面与空间布局
053 五、『都纲法式』的典型体现
061 六、独具特色的装饰艺术及佛像
075 七、金碧辉煌的金瓦殿
081 八、政佛一体的法事活动
087 九、佛学文化的展示
093 大事年表

承德外八庙

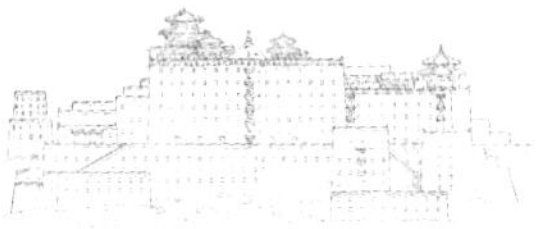

承德外八庙坐落于河北省承德市市区北部和东北部山麓之上，依山傍水依次排开，呈半月形布局。承德外八庙伴随着清王朝统一中国的进程而营造、辉煌，也伴随着清王朝的衰亡而废毁。

17世纪末，崛起于东北白山黑水之间的满族，以努尔哈赤和皇太极的勇猛善战一统蒙古草原各部，进而问鼎中原，又以康熙、乾隆等历代皇帝的雄才大略、远见卓识、知人善任、团结以汉族为主体的各民族而形成了中国历史上的“康乾盛世”。为了巩固政权，达到政治和经济的强盛，康熙和乾隆两代皇帝很快接受了东方传统的汉文化，取得了与中原的融合和发展。为了保证

图0-1 乾隆时期避暑山庄与外八庙分布图

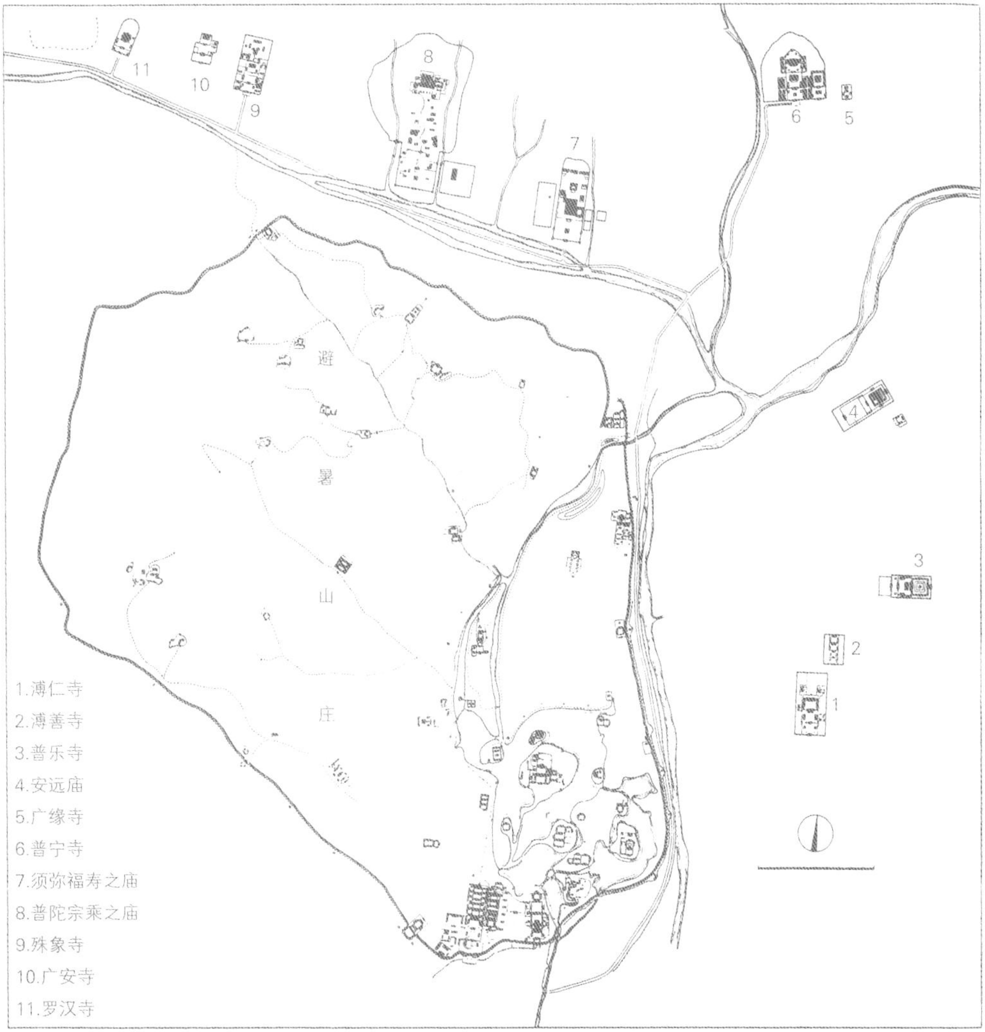

图0-2 康熙皇帝画像
承德避暑山庄和外八庙的缔造者、清王朝入主中原的第二代皇帝。

图0-3 乾隆皇帝画像
承德避暑山庄和外八庙的缔造者、清王朝入主中原的第四代皇帝。

清王朝经济的发展，巩固北方边疆的安宁和防御沙俄的入侵，康、乾两帝一方面每年秋季亲率王公大臣，统领满、蒙八旗官兵几万人，北出塞外在承德围场县境内举行以军事训练为目的的围猎活动，史称“木兰秋狝”。另一方面，则充分尊重边疆少数民族的宗教信仰，大力倡导扶持喇嘛教（藏传佛教），在靠近北京的热河行宫（避暑山庄）周围，大兴土木、兴建皇家寺庙，以建庙之策取代修筑防御长城之法。承德外八庙就是在这种历史背景下营建的。

承德外八庙计有十二座。自康熙五十二年（1713年）康熙皇帝始建溥仁寺、溥善寺之后，乾隆皇帝仅相继建造了普宁寺、普佑寺、安远庙、普乐寺、普陀宗乘之庙、广安寺、殊像寺、罗汉堂、须弥海寿之庙、广缘寺。时至乾隆四十五年（1780年）方全部建成。历时七十年。这十二座寺庙的建造都与当时特定的历史条件联系在一起。在平定准噶尔蒙古的民族分裂，达什达瓦蒙古的迁居热河，土尔扈特蒙古的回归祖国，西藏六世班禅的万里东行等一系列重大历史事件之后，承德外八庙的建造和辉煌将永远作为中国多民族统一国家最终形成及其巩固发展的历史见证和民族团结的永久象征。

图0–4 木兰秋狝图

为筑固北方边疆的安宁和防御沙俄的入侵，清王朝把“围猎以讲武事，必不可废”定为家法。康、乾两帝每年秋季亲率王公大臣和满，蒙八旗官兵数万人马，在承德围场县境内举行以军事训练为目的的围猎活动，史称“木兰秋狝”。

承德外八庙均为喇嘛庙，因其中有八座寺庙常驻喇嘛，且直属于北京清政府理藩院喇嘛印务处管辖，在京城设有办事机构——“下处”，又因其地处京师之外，故习称外八庙。这些寺庙与避暑山庄交相辉映，构成了恢宏有序的建筑群，具有鲜明的时代特色。它以绚丽的宗教文化和建筑艺术矗立于世界建筑之林。又以它雄伟的建筑气势；集中地体现了我国18世纪东方建筑的辉煌成就和“康乾盛世”经济文化的高度发展。

图0–5 远眺避暑山庄北部宫墙之外的寺庙建筑群

一、外八庙的建筑由来

图1-1 普宁寺全景/前页
建于乾隆二十年（1755年），仿西藏拉萨河畔桑耶寺所建。前部为典型汉式平面布局，后部为以藏传佛教为主题的建筑，使用了典型的“曼荼罗”形制，以主体建筑大乘之阁为中心的“四大部洲”和“八小部洲”，更多地融汇了藏式建筑风格。

承德外八庙无论从建筑规模和文化内涵，还是从工艺水平和建筑材料，都不同于其他寺庙。它是一组具有历史和政教互相联系的御用皇家寺庙。每座寺庙的建造起因和建造的规模都要由康熙和乾隆皇帝钦定。正如乾隆皇帝在《御制文二集·知过论》中写道：“予承国家百年熙和之会，且当胜朝二百余年废弛之后，不可黻饰壮万国之观瞻。……又因祝厘而有普陀宗乘之庙，延班禅而有须弥福寿之庙，以至普宁、普乐、安远诸寺，无不因平定准夷、示兴黄教以次而建。”

康熙五十二年（1713年），适逢康熙皇帝六十寿辰，诸部蒙古王公大臣齐聚热河为康熙祝寿，并纷纷请建庙宇，以为皇帝祈福，康熙允其所请，在承德避暑山庄东侧山麓择地建溥仁、溥善二寺。

乾隆皇帝即位后完全继承了康熙皇帝的“怀柔政策”，笼络北部少数民族，同时平息叛乱。乾隆二十年（1755年）春，清军在伊犁平定了蒙古准噶尔部多年的叛乱，遂于当年十月在避暑山庄大宴平叛有功的厄鲁特蒙古上层贵族，封以爵位，决定仿照西藏三摩耶寺在山庄北部建普宁寺，以纪念这次胜利。

不久，曾经归附清朝的阿睦尔撒纳，又伺机策划了新的叛乱，使西北地区再次陷入战乱之中。清军于1757年派兵再次平叛，1758年乾隆亲自撰写了《平定准噶尔后勒铭伊犁之碑》立于普宁寺碑旁之内。

图1-2 普宁寺前部汉式布局的大碑亭/上图

亭内置二块英武岩雕成的巨型石碑，碑文为乾隆皇帝亲笔书写，以满、汉、蒙、藏四重文字刻成。其一，记述了乾隆二十年（1755年）平定蒙古准噶尔部和建寺经过。其二，记述了乾隆二十二年（1757年）清军再次平定阿睦尔撒纳的叛乱经过。

图1-3 安远庙普度殿/下图

落成于乾隆三十年（1765年）。此庙是游牧于新疆伊犁东部的厄鲁特蒙古达什达瓦部迁居热河后，为尊重他们的宗教信仰，仿其家乡新疆伊犁固尔扎庙而建，故俗称伊犁庙。此系主殿普度殿，殿内一、二层遍饰佛国流源及佛教故事壁画，供奉绿度母。

厄鲁特蒙古准噶尔部的另一达什达瓦部，游牧于新疆的伊犁东南，在平叛中表现出色，受到清政府的嘉奖，分两批迁居热河（今承德市），被安置在普宁寺南侧山冈上，为尊重他们的宗教信仰，乾隆皇帝决定，仿其家乡新疆伊犁固尔扎庙建造了安远庙（又称伊犁庙）。

建于乾隆三十一年（1766年）的普乐寺，也是出于同样的政治目的，乾隆撰写的《普乐寺碑记》中说得更明白："唯大蒙之俗，素崇黄教，将欲因其教，不易其俗。"于此，清初便奉喇嘛教为国教。北方各少数民族首领，每年按时到承德拜谒乾隆皇帝，奉表供物，接受封爵，参加"木兰秋狝"的围猎活动，密切了中央政府与西北各少数民族的关系。从"普宁"到"安远"到"普乐"，都表征着清初固边统一的愿望。

普陀宗乘之庙和须弥福寿之庙这两座大型具有浓厚藏族建筑风格的寺庙又有另一番含义。普陀宗乘之庙是仿西藏拉萨布达拉宫修建的。"普陀宗乘"即是藏语布达拉宫的意译。须弥福寿之庙则是仿西藏后藏日喀则扎什伦布寺而建的，"须弥福寿"即是藏语扎什伦布的意译。布达拉宫与扎什伦布寺分别为西藏喇嘛教首领达赖和班禅的住持寺庙，代表着藏传佛教的最高地位。乾隆三十五年（1770年）是乾隆皇帝六十寿辰，便在热河仿建西藏的布达拉宫，俗称"小布达拉宫"。须弥福寿之庙是在乾隆七十寿辰（1780年）时修建的。此前，班禅六世自请赴京师"以观华夏之振兴黄教，抚

图1-4 普乐寺
建成于乾隆三十一年（1766年）。该庙前部为汉式布局，后部以石砌城台的汉式建筑为基础，建成以藏传佛教为内涵的三层方形阇城。阇城高8米，主体建筑为旭光阁，在二层方台上有八座喇嘛塔。

育群众，诲宇清晏，民物教宁之景象”，并来承德祝寿。此举使各少数民族的上层首领无不欢欣鼓舞，“欲执役供奉”（《热河志·卷廿四》）。乾隆于是命仿班禅所居的后藏扎什伦布寺建庙于承德以备。1780年7月，班禅到达热河，住在此庙。须弥福寿之庙的建立，密切了清中央政府同西藏地方的联系，反映了当时国内安定统一的局面。

殊像寺，仿自山西五台山同名寺庙，成于乾隆三十九年（1774年），有乾隆家庙之称。庙内喇嘛均习满文，按乾隆谕示，曾用了十八年时间在此翻译了三部满文大藏经。

普佑寺，乾隆二十五年（1760年）建，系普宁寺附属经学院。

图1-5 普陀宗乘之庙/前页
建于乾隆三十二年至三十六年（1767—1771年），系仿西藏拉萨布达拉宫而建，占地面积达22万平方米，是外八庙中规模最大者，驻喇嘛最多时达312人。

罗汉堂，乾隆三十九年（1774年）建，仿自浙江海宁安国寺罗汉堂，内供沙木金漆罗汉五百零八尊。

广安寺，俗称戒台，乾隆三十七年（1772年）建，乾隆同蒙古王公贵族曾于此举行法会。

广缘寺，乾隆四十五年（1780年）由诺门汗活佛请建。

承德外八庙的建立，正如乾隆皇帝所言："非唯阐扬黄教之谓，盖以绥靖荒服，柔怀远人，俾之长享乐利，永永无极云。"把崇高的政治目的转化为清幽典雅的寺庙园林和祈祷憩息，复杂的政治已完全消解于庙内的众佛之慈眉善目和缭绕的香云之中。

图1-6 殊像寺
该寺仿自山西五台山同名寺庙，于乾隆三十九年（1774年）建成，又有乾隆家庙之称。庙内喇嘛习满文。按乾隆谕示，曾用18年在此翻译了三部满文大藏经。此为单檐歇山布瓦顶山门。

二、辉煌的建筑艺术与乾隆建筑风格

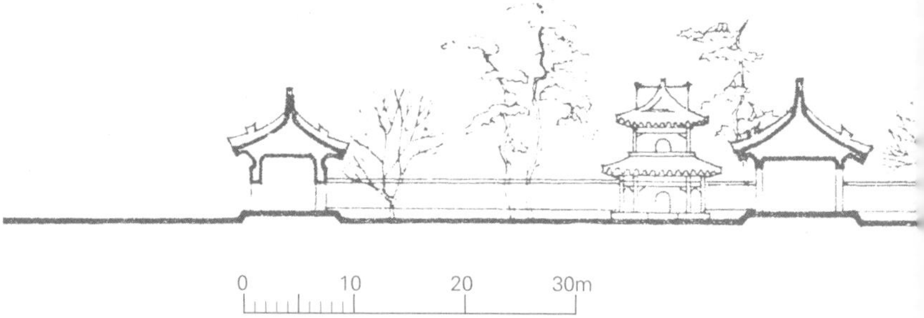

清王朝是中国最后一个封建王朝，而康、乾时代则是清王朝之鼎盛时期，也是中国各民族和睦相处的鼎盛时期。承德外八庙规模之宏大，建筑之精美，体现了民族大家庭和睦相处的主题及民族传统建筑风格的融合。承德外八庙建筑群，无论从相地选址，还是从建筑形式和布局，宗教与建筑的结合等，都足以说明这是一组清代建筑艺术与技术的典范。随着政治的需要，承德外八庙的营建主要分为三个阶段进行。前期，即康熙晚期，以建造溥仁寺、溥善寺为代表。其建筑布局及建筑造型都沿用了汉式佛寺的传统手法，只是供奉的佛像和一些建筑装饰引用了具有喇嘛教内容的题材，如梵文书写的“六字真言”咒语。仅在装饰上作了一些尝试。

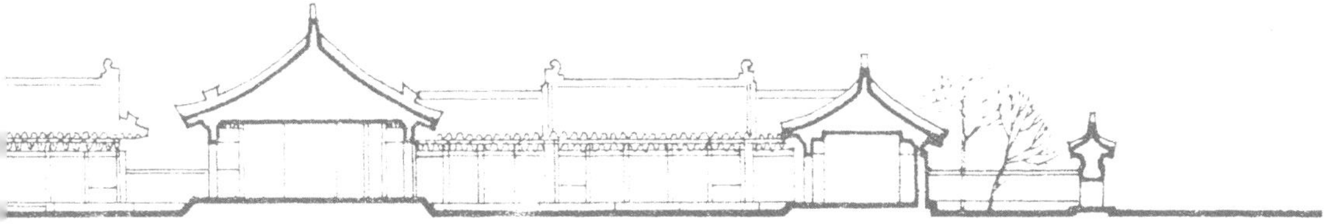

图2-1a 溥仁寺总剖面图

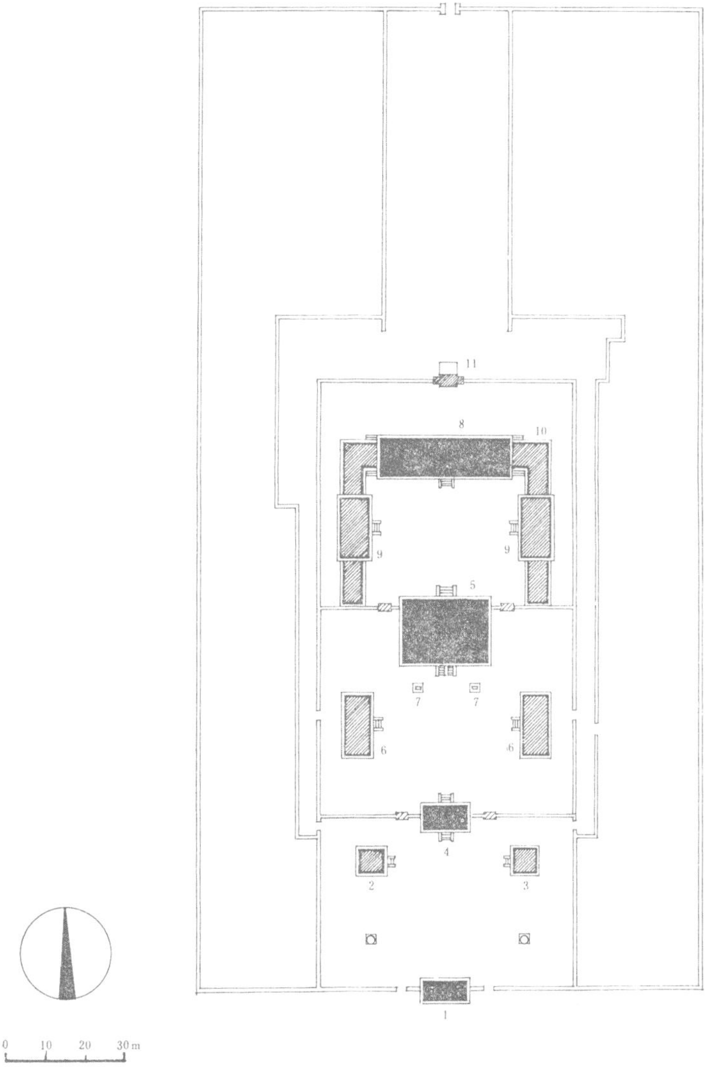

1.山门
2.鼓楼
3.钟楼
4.天王殿
5.慈云普荫殿
6.配殿
7.石碑
8.宝相长新殿
9.配殿
10.群房
11.后门

图2-1b 溥仁寺总平面图

中期，即乾隆早期，以普宁寺、普佑寺、安远庙、普乐寺为代表。它们在营造中基本保持着汉式形式，只是在平面布局上和建造手法上更多地借鉴了藏式建筑特点和意境。但最为突出的是在“伽蓝七堂”布局的后部建造以藏传佛教为主题的建筑，使用了典型的“曼荼罗”形制和“都纲法式”，与前部汉式建筑形成鲜明的对比，使寺庙变得更加灵活多变，更多地融汇了藏式风格和藏传佛教的建筑气氛。

后期，仿藏式的普陀宗乘之庙和须弥福寿之庙，首先在平面布局上打破了汉族寺庙对称规整的传统，结合地形起伏，依山势灵活布置，与其说是寺庙，莫如说是两座巨大的城堡。用重台城门式建筑作为寺庙的山门，垛口城墙作为围墙。主体建筑也部分改变了传统大屋顶形式，代之以体量庞大的藏式红台，“仰之弥高，钻之弥坚”。建筑各部的艺术装饰，在沿用清官式做法的同时，也直接引用了许多蒙、藏纹样，如喇嘛教的“八宝”、喇嘛塔、孔雀、鹿、摩羯鱼、法轮和象鼻龙等，都鲜明地表现了西域的文化特征和藏式风格。

图2-2 安远庙内“四门阁”之西门阁/对面页
城楼式建筑，据传，系喇嘛观天象之处。不设蹬道，喇嘛上下之时用临时木梯。

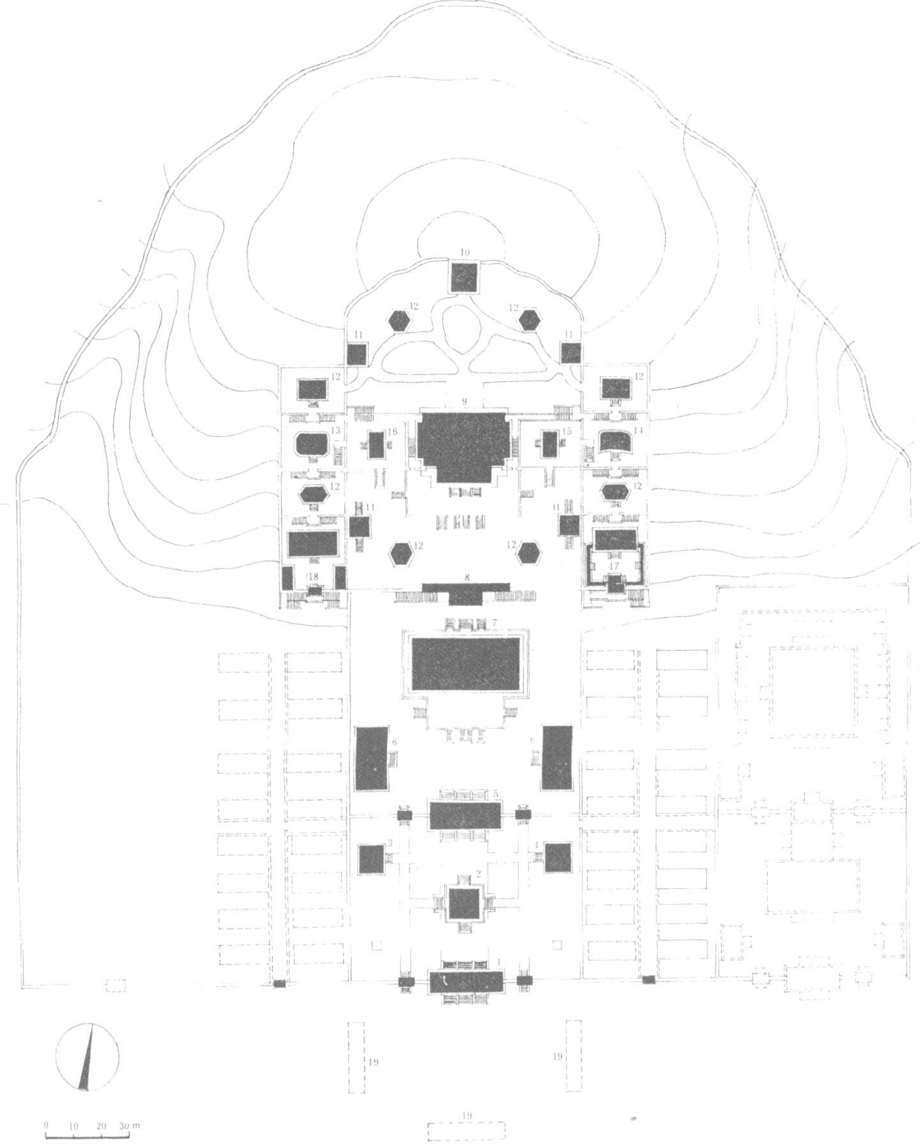

1.山　门　8.南瞻部洲殿　15.日　殿
2.碑　亭　9.大 乘 阁　16.月　殿
3.鼓　楼　10.北俱卢洲殿　17.妙严室
4.钟　楼　11.喇 嘛 塔　18.讲经堂
5.天王殿　12.白　台　19.牌坊遗址
6.配　殿　13.西牛贺洲殿
7.大雄宝殿　14.东胜神洲殿

图2-3 普宁寺总平面图

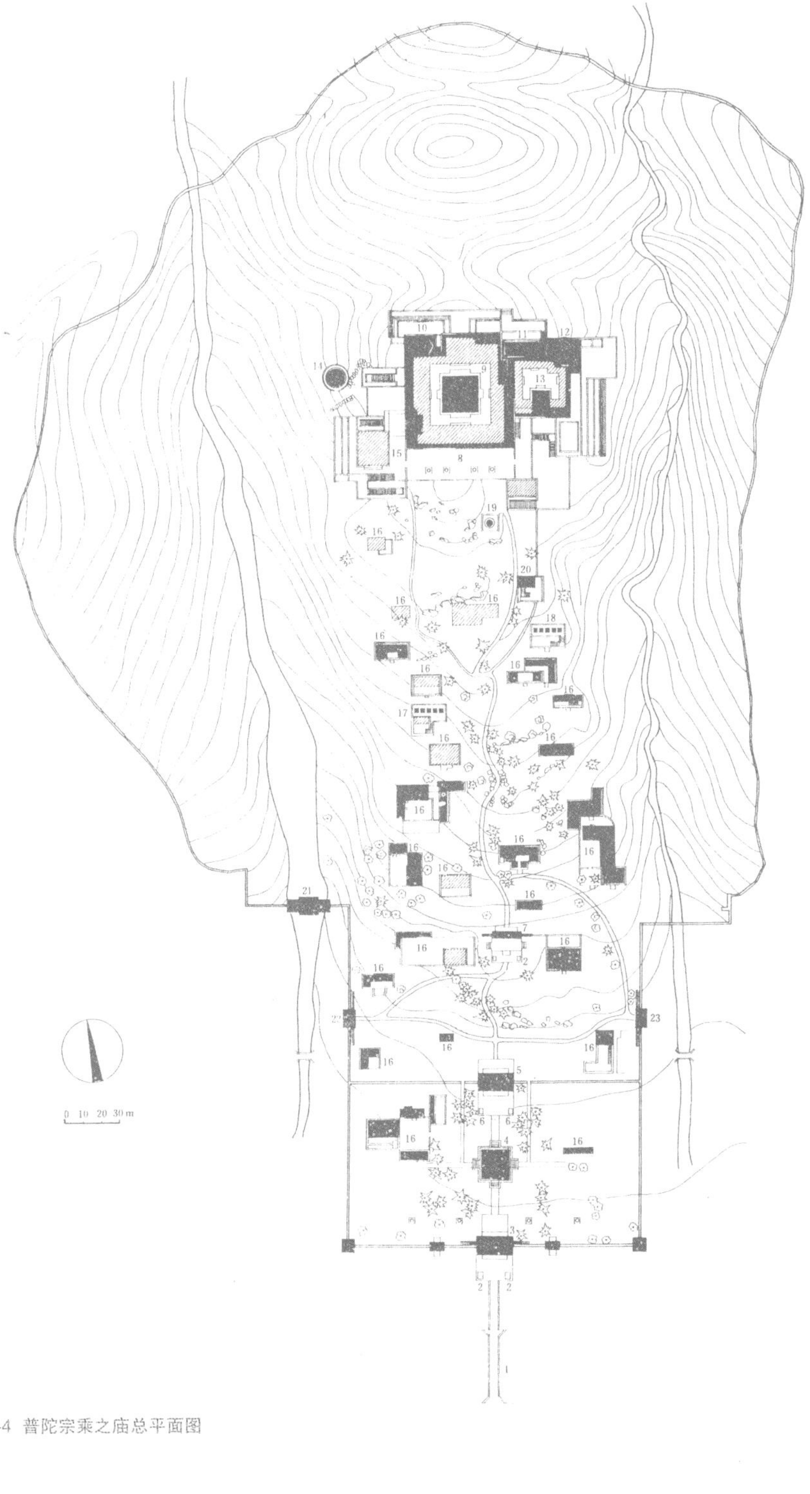

1.石桥
2.石狮
3.山门
4.碑亭
5.五塔门
6.石象
7.琉璃牌坊
8.大红台
9.万法归一殿
10.慈航普渡
11.洛伽胜境殿
12.权衡三界
13.戏台
14.圆台
15.千佛阁
16.白台
17.西五塔白台
18.东五塔白台
19.单塔白台
20.白台钟楼
21.三塔水口门
22.西门
23.东门

图2–4 普陀宗乘之庙总平面图

这两座寺庙，表明乾隆后期在外八庙的建造实践中出现了以仿藏式为寺庙主体的新型寺庙及建筑形式。使建筑艺术的发展上升到一个新的水平，全面形成了乾隆建筑风格。这种风格的形成和完善，充分反映了这一历史时期的寰宇升平景象和政策的成功。

乾隆建筑风格主要体现在他“宇内一统”的营造主题、汉藏交融的平面和空间布局、藏传佛教“都纲法式”的体现以及独具特色的装饰艺术等诸多方面。

图2-5 五塔门

普陀宗乘之庙内的五塔门，是藏传佛教的典型建筑。

图2-6 普陀宗乘之庙大碑阁与五塔门
前面是单层重檐歇山黄琉璃瓦顶的大碑阁，后面是藏式白台五塔门。这是外八庙后期的乾隆建筑风格。

图2-7 普陀宗乘之庙大红台/后页
大红台系由条石砌成之高台，其上建有三层裙楼。上部三层藏式白色盲窗与真窗交错。下部三层白窗均为装饰盲窗。大红台上南向建有二座塔罩亭。北向建有风雨亭，即蹬道亭，为上下大红台裙楼之出入口。

图2-8 普乐寺宗印殿屋顶八宝云龙大脊/上图
中间的宝塔宝顶，至今保存完好。

图2-9 普乐寺前部汉式主殿宗印殿屋顶的“八宝云龙大脊”的十拼大吻/下图

三、『宇内一统』的营造主题

承德外八庙的营造主要集中在乾隆二十年（1755年）至乾隆四十五年（1780年）的二十五年间。其总体布局是以清王朝的第二个政治中心——承德避暑山庄为核心，寺庙建筑由东转北沿山麓呈半月形布局，形成众星捧月的格局。总的构想便是皇权至尊的观念和在这个观念下的“宇内一统”的主题。在外八庙的营造过程中，以环境的选择、平面的布局、寺庙与寺庙之间的空间联系以及建筑造型、特殊工艺的使用，都体现出这个主题，即使在遇到矛盾时，也要维护其皇权至尊的原则。例如，普乐寺建于乾隆三十一年（1766年），是一座以曼荼罗坛城建筑为中心的汉藏建筑艺术相融合的寺庙。依大藏经之规定，普乐寺供奉在坛城之上的“上乐王佛”，是面东济度众生，所以其山门一般面东而建，而避暑山庄则坐落在该庙之西，营造时依然按照汉式建筑之平面布局把山门朝向避暑山庄。为了不违背藏传佛教之规制，乾隆则命在该庙轴线上，面东建一“通梵门”，并亲题匾额。在外八庙中只有此庙有两座山门。

图3-1 普乐寺旭光阁与通梵门
通梵门面东而建，与坛城上的“上乐王佛”的朝向一致。
承德外八庙中仅此庙建有东西两座山门。

图3-2 普陀宗乘之庙大红台和大白台/后页
其建筑造型和建筑结构均为仿西藏布达拉宫。

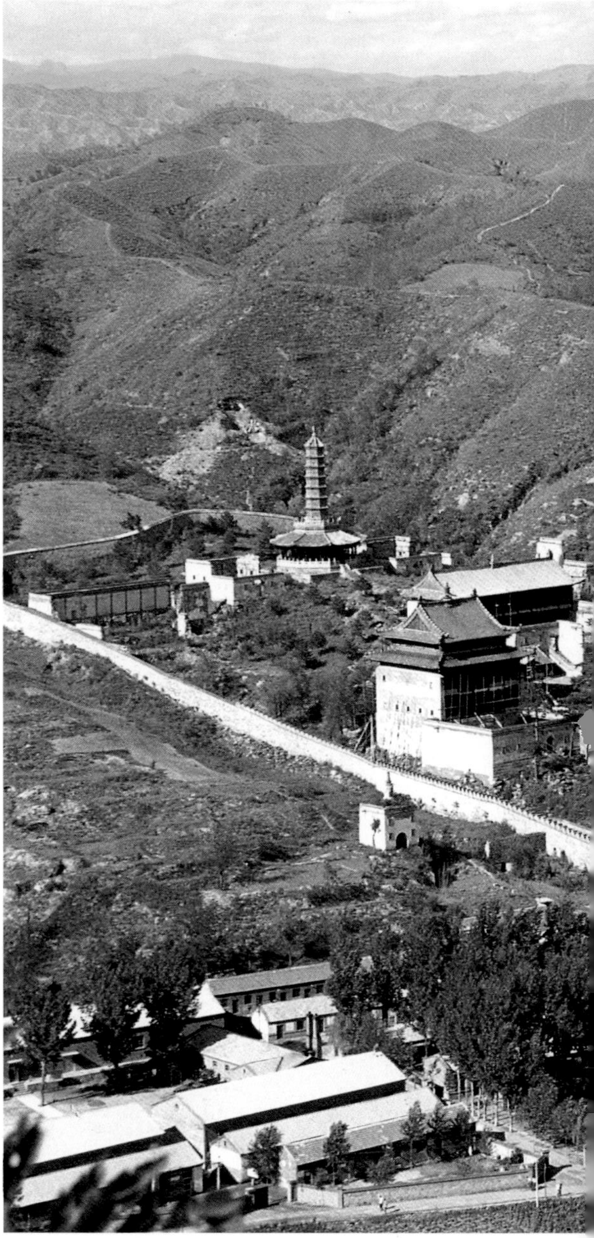

图3-3 须弥福寿之庙

该庙建于乾隆四十五年（1780年），为六世班禅来热河为乾隆皇帝祝贺七十寿辰，仿照后藏日喀则扎什伦布寺而建。该庙为外八庙中最后落成者。仅用一年工期建成。耗资巨大，其中仅“妙高庄严”殿和“吉祥法喜”殿屋面就用黄金1500余两。

寺庙建筑的造型则采取了以藏、蒙地区典型宗教建筑的意境为仿建手段，在有限的空间内移天缩地，体现其“宇内一统”的主题。这里有仿西藏雅鲁藏布江畔的三摩耶庙而建的普宁寺（又称大佛寺）；仿拉萨布达拉宫而建的普陀宗乘之庙（又称小布达拉宫）；仿日喀则扎什伦布寺而建的须弥海寿之庙（又称班禅行宫）；仿新疆伊犁固尔扎庙而建的安远庙（又称伊犁庙）。这些寺庙从政教合一的边疆地方政权而言，代表了西北、西南的广阔疆域。另外，仿五台山殊像寺而建的殊像寺；仿浙江海宁安国寺的罗汉堂，亦象征着内地的佛众，在神权的诱导下皆臣服于大清皇权。

图3-4　殊像寺主殿会乘殿

该殿建于高台之上，殿前为月台。殿内供奉文殊、普贤、观世音三大士，坐骑分别为狮、象、吼，造型极为精美。殿内原存放有一部满文大藏经，现经橱尚存，但经文已无。殿后垒有承德外八庙中体量最大的假山。假山上原有供奉文殊菩萨的宝相阁。

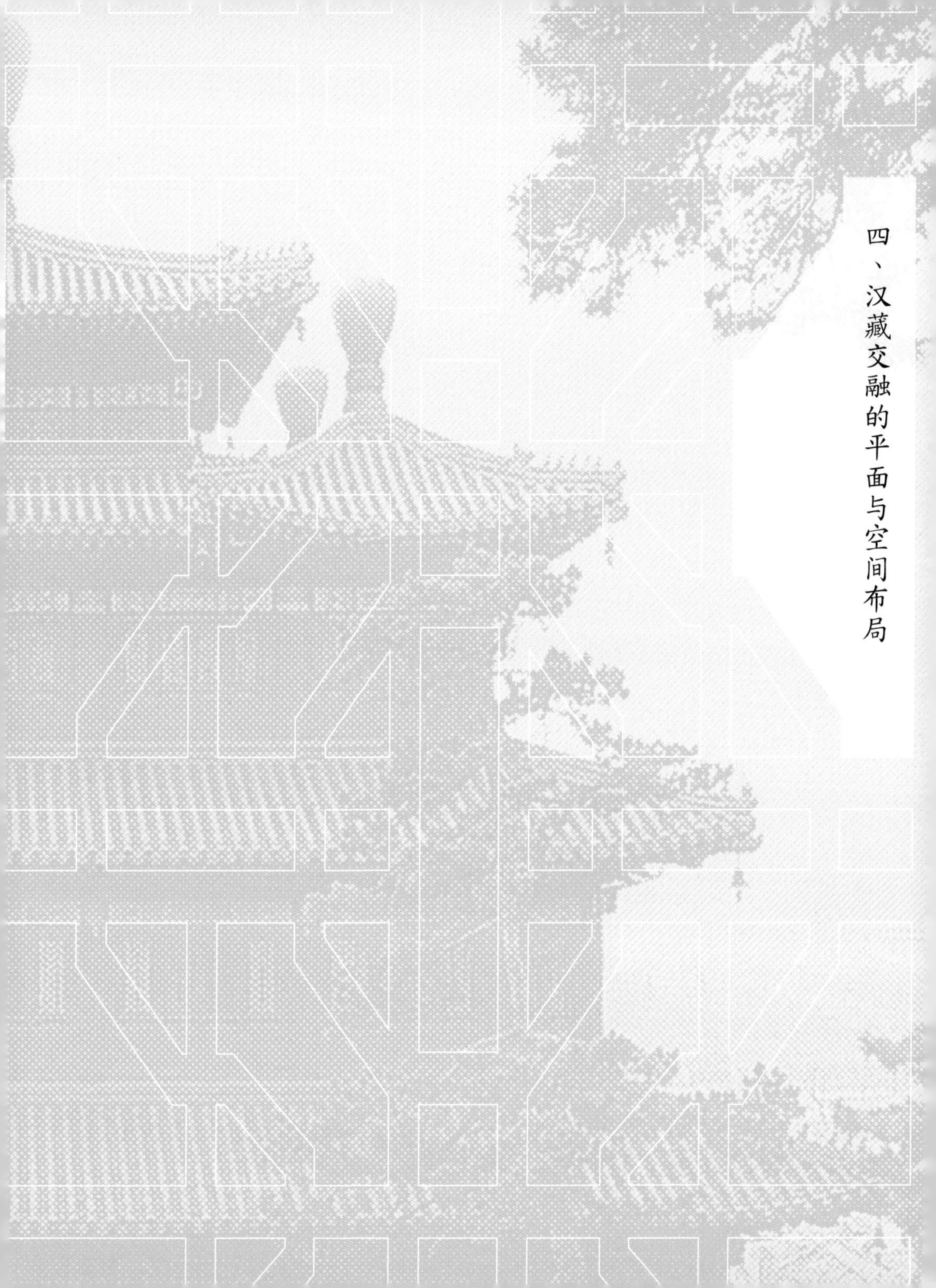

四、汉藏交融的平面与空间布局

图4-1 普宁寺总剖面图

图4-2 普乐寺阇城、旭光阁正立面图

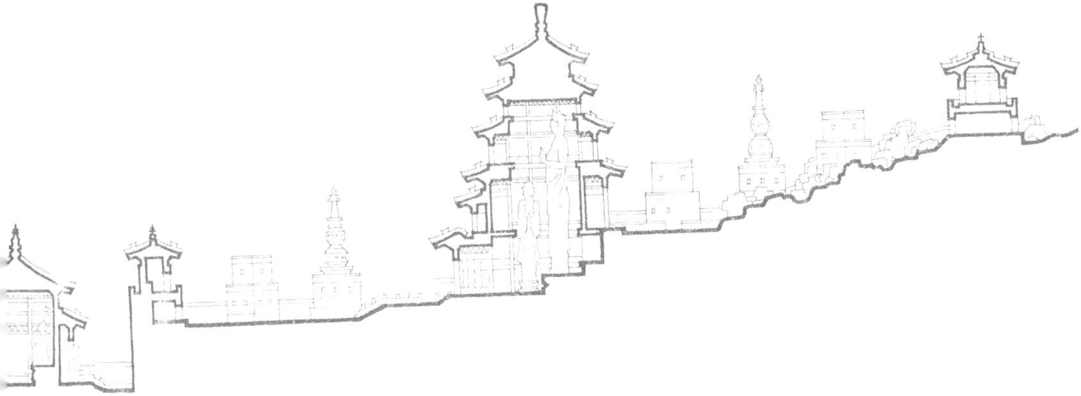

自由发展式平面布局为西藏佛寺最为常见的布局形式，没有明显的中轴线，随着寺院规模的扩大而自由地增建、扩建。在平原上的寺院，以早期的主体建筑为中心，向四周发展，利用低矮的次要建筑衬托出主体建筑，如拉萨大昭寺、日喀则夏鲁寺，山南昌珠寺等。很多寺庙采用自由式布局，选址在向阳的山坡之上，这样可以争取有利朝向，便于日照和通风；就视觉而言，坡地上的建筑群比平地上的感觉要大。建于山坡上的寺院，顺应地势，沿等高线层层分布，自然形成有节奏的轮廓线。尤其以格鲁派四大寺院最为典型。另外，在宗教观念上，山水湖泊则常被佛教视为神圣之地。对寺院的选址也有一定影响。

承德外八庙则融汇了藏式寺庙的建筑布局风格，突破了汉族寺庙的封闭的院落和轴线对称的布局形制。绝大多数寺庙都采取了汉藏并存的布局形制。一般来说，寺院的前半部为汉式布局，山门、钟、鼓楼、碑亭、大雄宝殿、东西配殿，以轴线为中心形成规整的院落；而后部则依照藏族大型寺庙多建于山坡层层迭升的特点，在建筑组织上则是按照佛教宇宙观，即“曼荼罗”的空间模式。如普宁寺、安远庙、普乐寺、普陀宗乘之庙、须弥福寿之庙等皆是。曼荼罗译为坛城、阇城、法坛，本是藏传佛教密宗法师做法事的坛位，后又引申为神佛位序，以至宇宙之构成。据唐代善无畏、金刚智、不空等密宗大师翻译的有关曼荼罗经典，它们的形式都是十字轴线对称，方圆相间，四向设门，中心为圆轮，轮中按“井”字分隔为九个空间。其中最典型的是羯磨曼荼罗（Karma-mandala）的图像。这种图像在乾隆时期已被大量采用。承德外八庙建筑群就是集中体现。

就单体曼荼罗而言，普乐寺的阇城则是依照羯磨曼荼罗建造起来的。从平面布局而言，普乐寺后部仍以汉族建筑的城台、殿宇为基础，结合了宗教的内涵，进行了平面与建筑结构的艺术再创造。阇城为方形2层，条石砌筑，高8米，长宽均为44.4米，檐部为雉堞栏杆和黄琉璃瓦檐。下层台上有紫、黄、绿、黑、白五色琉璃喇嘛塔八座：四角之四座均为

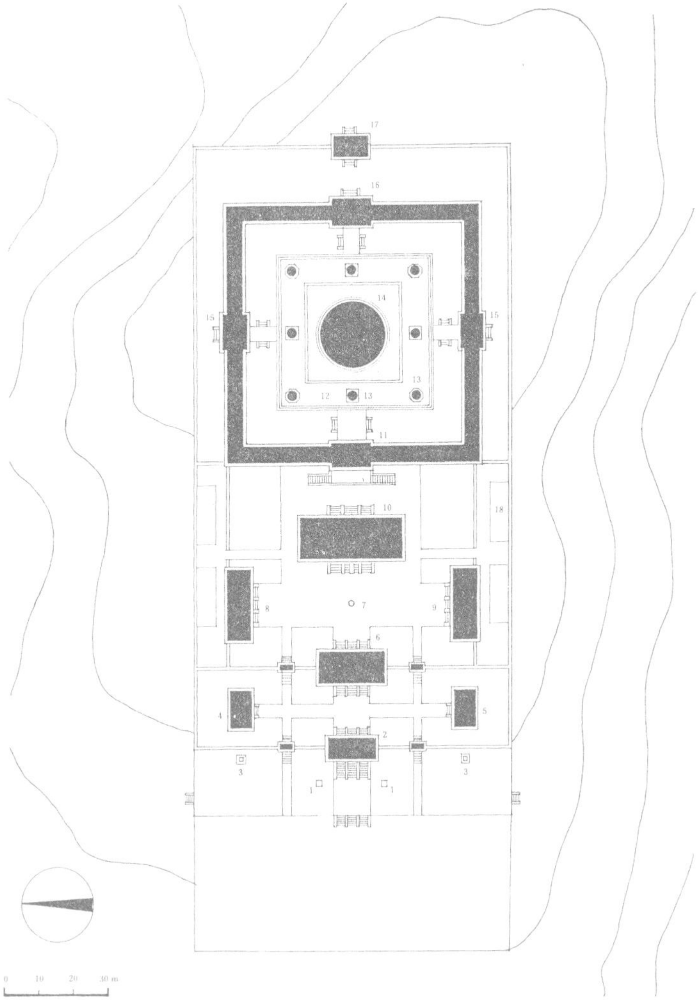

1.石狮
2.山门
3.幢竿支石
4.鼓楼
5.钟楼
6.天王殿
7.铁香炉
8.胜因殿
9.彗心殿
10.宗印殿
11.前门
12.阇城
13.塔
14.旭光阁
15.侧门
16.后门
17.通梵门
18.房

图4-3a 普乐寺总平面图

图4-3b 普乐寺总剖面图

图4-4 普乐寺旭光阁

该阁为重檐圆形攒尖黄琉璃瓦顶，位于三层方形阇城之上，其造型暗示方中有圆，以合“天圆地方”之说。

图4-5 普乐寺旭光阁内的木雕贴金藻井和木制立体“曼荼罗”/对面页

“曼荼罗”内供奉1.5米高的铜铸“上乐王佛”，俗称“欢喜佛”，为藏传佛教密宗修无上瑜伽密之本尊。贴金藻井被誉为我国藻井之冠。

黄色，正南为绿色，北为白色，东为黑色，西为紫色。五色塔一说象征喇嘛的“五行”，即地、水、火、风、空；另一说象征曼荼罗内的神佛菩萨。还有一种说法是，其与旭光阁共同构成“九会”或“九山、八海”。旭光阁为重檐圆殿，建在方形阇城之上，表现出曼荼罗方中有圆的形象，将佛经中的曼荼罗形式转化为建筑的平面和立体构图，又与中国传统的天圆地方之说相吻合。一个完美的祈坛，寓意着佛即是天。

普宁寺系仿西藏三摩耶庙而建。据《西藏王统记》载：三摩耶庙是17世纪初，完全按照喇嘛教经典建成的一种最早的曼荼罗形象，主殿乌策大殿象征世界中心须弥山，为佛、菩萨所居，其外形如山，为三层，下殿为藏式，中层为汉式，顶层为印度式。主殿四方有“四大部洲”、“八小部洲”及日、月殿；四角建红、白、黑、蓝四塔，四门立四碑。寺之外围为圆形围墙，墙上设有红陶塔。按藏传佛教密

严禁

宗有世界之中心为须弥山，密教至尊大日如来于山顶之须弥卢顶金刚宝楼阁的说法。山腰为四天王所居，其周围有七香海、七金山。第七金山外有咸海，咸海之中有四大部洲、八小部洲。咸海之外围以铁围栅。三摩耶庙以乌策大殿象征须弥山，日、月殿象征日、月围绕须弥山运转不息，四塔象征四天王。另外四大部洲、八小部洲象征世界之组成。寺院的圆形围墙象征铁围山。该寺平面和空间布局被认为是藏传佛教以其建筑形象表现宇宙观的典范。

普宁寺虽仿自三摩耶庙，但其建造并非一成不变。其平面布局的前半部分仍以汉族的伽蓝七堂形制为蓝本，而后部则利用其地处半山之势，将象征须弥山的“大乘之阁”建于高台之上。其地势高于前半部达9米之多，形成一个巨大的曼荼罗图形。外观以汉族建筑造型为基调，融合了大量的藏族建筑手法，但又去掉了三摩耶庙中的印度建筑部分。从屋顶的处

图4-6　普宁寺大乘之阁南面外观/前页
该阁为后部藏式平面布局中的主殿，象征佛之居所的须弥山。此建筑南向为六层屋檐，寓意为佛教之“六合”。殿前为方砖铺墁的雕刻精美的石须弥座月台。月台南向石阶中间雕有精美的双龙戏珠御路石。

图4-7　普宁寺大乘之阁北面外观
北面为四层屋檐，按佛义为“四曼”，即四种“曼荼罗”。

图4-8 普宁寺后部藏式布局的四大部洲之一的“南瞻部洲”

建筑平面为三角形，以示“火”，饰以红色。

理看，三摩耶庙乌策大殿为四角攒尖，五顶分离；而大乘之阁为四角攒尖，五顶组合，在结构上采用了汉式的楼阁之法，形成一个中心突出的完美的整体。大乘之阁的屋顶造型采用了三种形体的屋檐：南向为六层檐，寓意佛教的空，又称“六合”；东向和西向各为五层檐，佛意为“五大”（地、水、火、风、空）；北向因随地势之变化而为四层檐，佛意为“四曼”，即四种曼荼罗。大乘之阁四方之四大部洲，正面为南瞻部洲，用以示“火”，饰以赤色，成三角梯状；东向为“东胜神洲”，为黑色，呈月牙状，以示“风”；西向为“西牛贺洲”，饰以白色，呈圆形，以示“水”；北向为“北俱卢洲”，饰以黄色，呈方形，以示“地”。每个大部洲下又隶辖两个中部洲。八中洲则为形状不一的六角、四角双层白台：前后四个白台皆为六角，东西四个白台中，前面为六角菱形，后面为长方形。围绕大乘之阁建有四色塔：西北为白色塔，称作“大圆镜智塔”；东北为黑塔，称作“平等性智塔”；西南为绿塔，称作“妙观察智塔”；东南为红塔，称作“成所作智塔”。四塔尽管形状各异，但仍以三摩耶庙的塔为基准，统一比例，下面增加仿藏式建筑之基座，与四大部洲、日、月殿的风格相一致。而四大部洲、日、月殿亦是把藏式建筑缩小尺度作为基座，上建汉

图4-9 普宁寺四大部洲之一的“北俱卢洲”/对面页
建筑平面为方形，以示“地”，地为“方”，饰以黄色。殿内供奉“财宝天王”神像。

图4-10 普宁寺四大部洲之一的“西牛贺洲”
建筑平面为圆形，以示“水”。饰以白色。

式木构殿宇。这种汉藏交融的平面及空间布局在外八庙中已成为一种定势。除普宁寺、普乐寺外，须弥福寿之庙大红台建筑群、普陀宗乘之庙大红台建筑群、普佑寺法轮殿、安远庙普度殿、广安寺等，亦在平面和空间布局上充分体现了藏传佛教的内涵，以及汉藏建筑艺术相交融的设计思想。

五、『都纲法式』的典型体现

图5-1　普陀宗乘之庙大红台裙楼及“万法归一”殿
大红台裙楼平面呈回字形，是外八庙中“都纲法式”建筑的典型代表。裙楼为三层、平顶、前廊式。群楼院内地面青石墁地，四角设有通畅的排水暗道直通后山沟内。

外八庙中多数寺庙系仿西藏之宗教建筑，而且多为后半部的主体大殿体现了浓厚的藏式特点和藏传佛教的寓意。乾隆皇帝在《普陀宗乘之庙碑记》中将这种形式称为“西藏都纲法式”。《热河志》也记有“西藏布达拉都纲式”，又称须弥福寿之庙的妙高庄严殿为“都纲殿楼”。《安远庙瞻礼书事》称固尔扎庙为“都纲三层”。藏蒙地区喇嘛庙的主体建筑主要是扎仓和拉康，其中地位、规模为全寺之冠的称为“都纲”（藏语译音，意为大会堂）。即藏传佛教寺院中僧众集会的大经堂。也是寺院中规模最大、等级最高的主殿。其建筑平面呈“回”字形，纵横向等距离地排列柱子，外围是一圈楼房，朝向内，平屋顶；中部有天窗凸起；殿外环以僧众转经之“嘛尼噶拉”廊（转经廊）。这种平面形式满足了僧众祈福拜佛之需求，在昏暗的佛殿内，从天窗中泄下的一缕光线更增添了藏传佛教的神秘色彩。

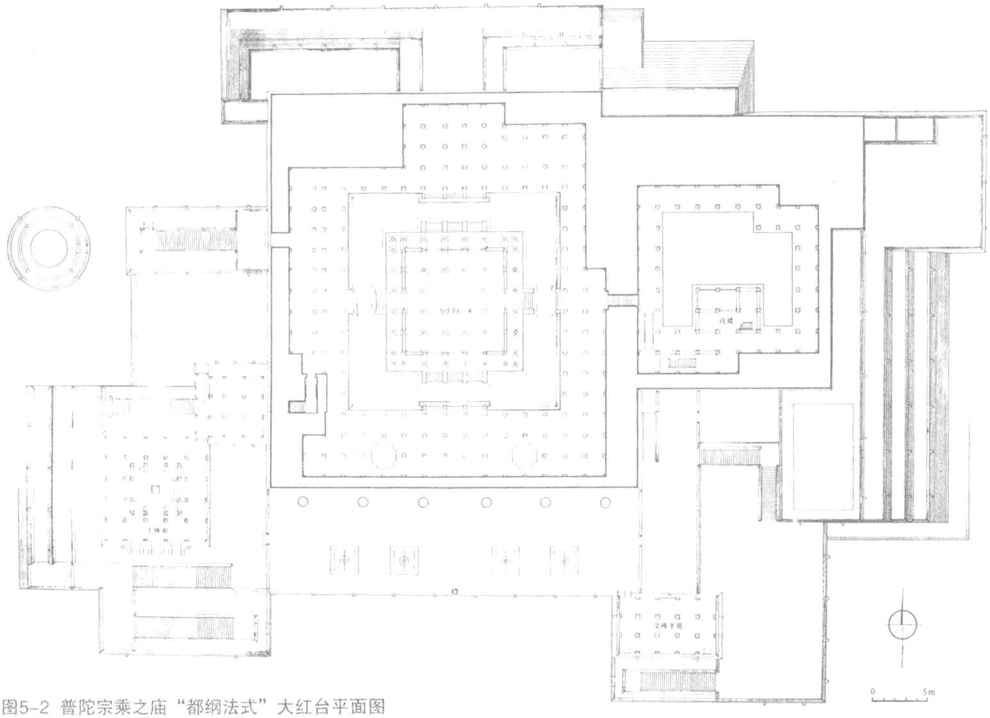

图5-2 普陀宗乘之庙“都纲法式”大红台平面图

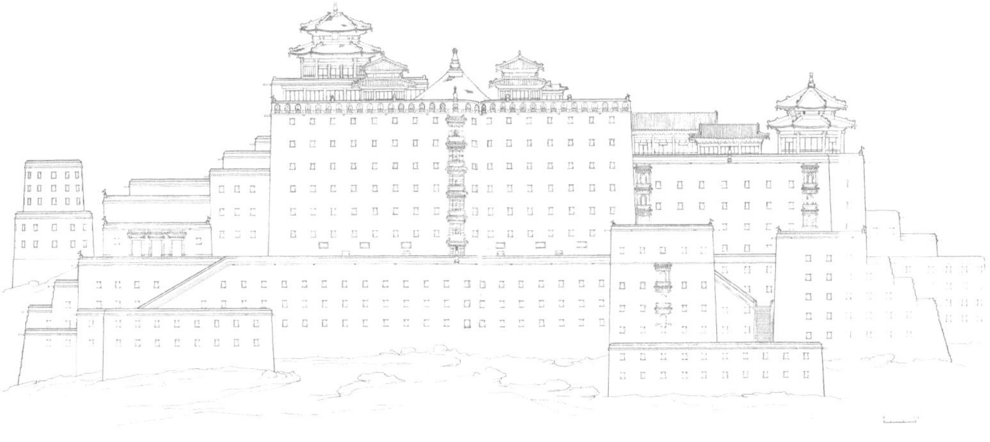

图5-3 普陀宗乘之庙“都纲法式”大红台南立面图

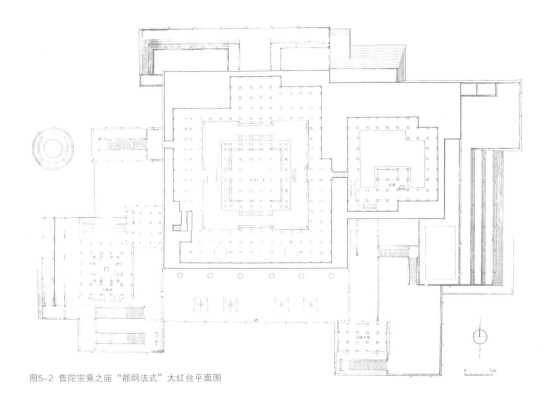

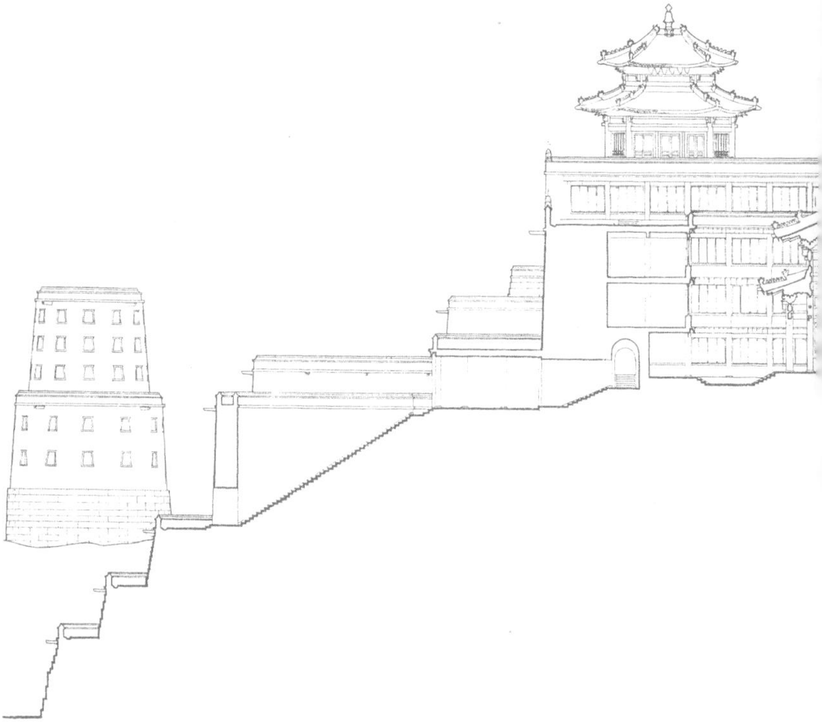

这种定型化的“都纲法式”，集中体现于各寺庙的主体建筑。

外八庙中称为“都纲”的有：普宁寺大乘之阁，平面布局为5×7间，三层，中空部分为3×5间；安远庙普度殿平面布局为7×7间，三层，中空部分3×3间；普陀宗乘之庙大红台群楼内向平面为11×11间，万法归一殿相当于中空部分的7×7间；须弥福寿之庙大红台群楼内平面布局为11×13间，三层，妙高庄严殿相当于其中空部分为7×7间；妙高庄严殿，三层，中空部分3×3间；普佑寺法轮殿内平面布局为7×7间，中空部分为3×3间。

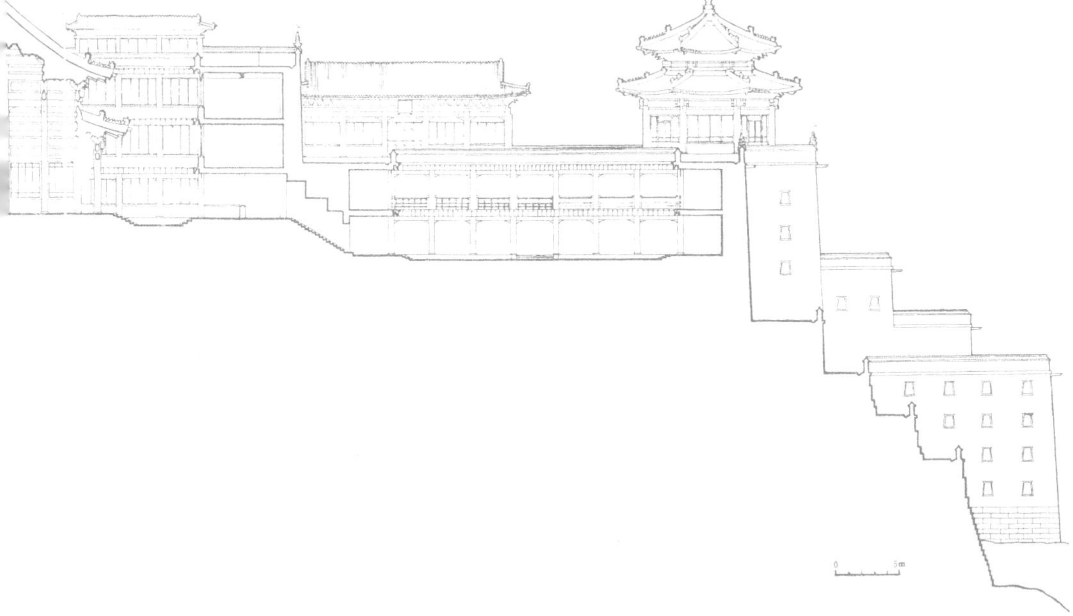

图5-4 普陀宗乘之庙“都纲法式”大红台剖面图

图5-5 须弥福寿之庙大红台裙楼及中心大殿妙高庄严殿

裙楼为三层，平顶，一层设有前廊，二三层装修推至檐部，至今保存完好。每层之间外檐安有黄琉璃如意挂檐。

图5-6 须弥福寿之庙大红台裙楼内部空间（部分为楠木装修）/上图

图5-7 须弥福寿之庙大红台裙楼的“都纲法式”空间构图/下图

此建筑平面呈回字形，四周为大红台裙楼，外墙装有琉璃檐门罩式云母片采光窗。裙楼中央突出主体建筑妙高庄严殿。在裙楼平顶四角的角殿，屋脊上有鹿、孔雀和法轮等琉璃饰件。大红台顶部墁铺方砖，方砖下部做有中国特有的“锡背”工艺防水层。

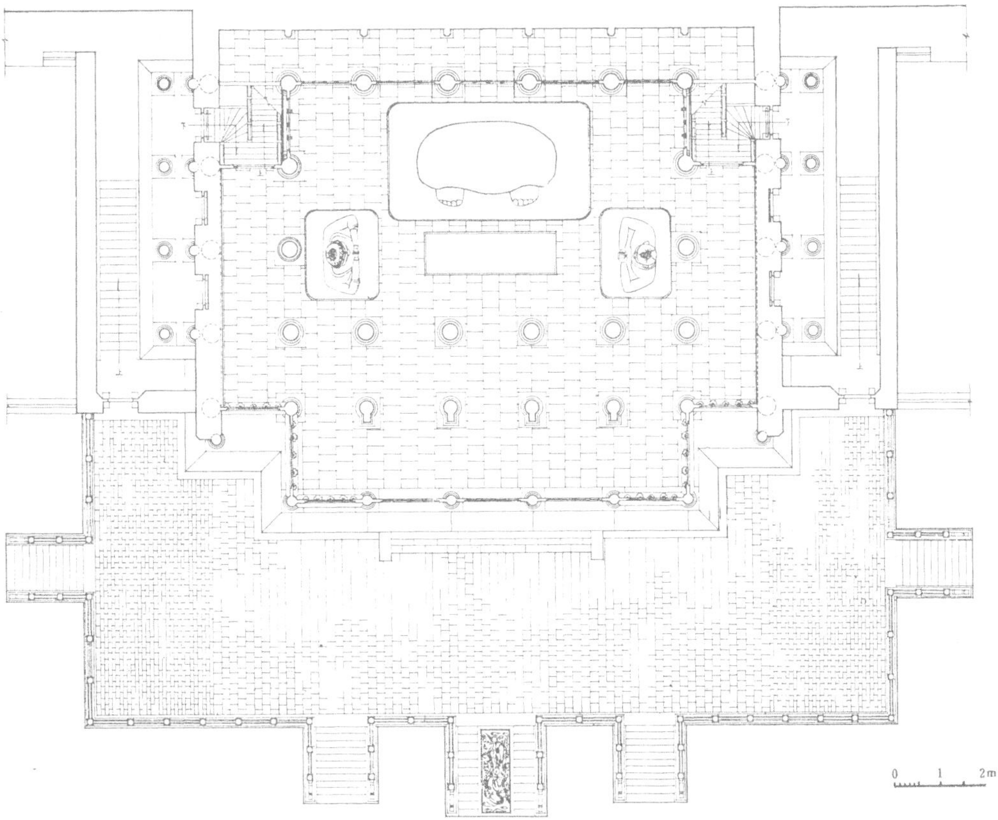

图5-8 普宁寺大乘之阁一层平面图

在柱网布列上，各殿的“都纲法式”较大多数蒙、藏喇嘛庙的“都纲法式”又有所不同。外八庙的“都纲法式”基本上依照清《工部工程做法则例》的官式做法，功能上满足皇权之需要。中空部分分内外槽，内槽减柱，且增加了雀替、额枋、垫板等标准官式构件，以抹角梁、扒梁、井口梁的结构安排，使主体建筑形成较大的室内空间，以适应使用功能之需。而藏蒙喇嘛庙的“都纲”柱网排列为等距离，无中空部分；天窗部分不减柱，柱子直通屋顶，且为平顶结构。

六、独具特色的装饰艺术及佛像

承德外八庙建筑“宇内一统”的主题，在建筑装饰和佛像工艺造型上也有明显的表现。藏族寺庙“都纲”建筑最富有民族特色的构件，是在有收分的折角方柱上置大斗，斗上放弓形大托木，托木上置承重梁。其间又有非常繁复而定型的线脚和雕刻，几乎成为一种定型化的“柱式”。蒙古族喇嘛庙“都纲”建筑较藏式仅仅略有简化。承德外八庙“都纲”建筑的大雀替的轮廓则是受了藏蒙“柱式”的影响。此外，藏族建筑特有的梯形刷色套窗和多层方椽出挑的窗檐，在内蒙古有的已演化为镶砖窗套和布瓦窗檐。而外八庙的窗套则改用磨砖做一外形的模拟，如须弥福寿之庙大红台群楼上的窗套采用了清式垂花门罩外形，是蒙藏式窗套的写意，益显其华丽而庄重。

“都纲”屋顶女墙部分，在藏、蒙寺院中，庄严神圣的灵塔殿和护法神殿，以及许多重要殿堂多饰以红色，并以棕紫色的“白玛草”制作墙檐饰带。屋面部分镶嵌镏金铜饰件。

承德外八庙绝大多数则是清官式琉璃或磨砖干摆宇墙。普陀宗乘之庙大红台则又处理成一条垂线上的连续琉璃佛龛，寓意建成年代正是乾隆皇帝的寿辰。藏式“都纲”往往在高墙上设置凹形阳台，外挂褐色幕帷，这种立面特色也融汇到普陀宗乘之庙大红台立面上，表现在顶部女墙外檐一周玻璃佛帐龛和三层清式瓦檐栱门龛。总之，“都纲”外部之大轮廓极富藏、蒙“都纲”之韵味，细部则加以变化。

藏、蒙“都纲”室内装饰一般均极为考究豪华，木构件皆施以彩画和木雕，装饰题材寓宗教意义，以渲染和加强建筑的宗教神秘气氛。四壁多绘以藏传佛教的佛典及以画记史的大型壁画。承德外八庙“都纲”之装饰则采用了清官式之高等级彩画、柱子、背光（大佛后面的背板），多以朱红油饰，梁、枋、斗栱多施旋子彩画、金龙和玺彩画配以大点金，或小点金。但也吸取了藏式彩画和藏传佛教之寓意，枋心中多以“六字真言”、“佛八宝”为主要内容。而主体彩画仍以官式彩画为主，寓意神权与皇权的融合。

图6–1 须弥福寿之庙大红台裙楼外檐红墙上的琉璃罩檐窗
诸窗以矿物质的“云母”片叠压镶嵌在“一码三箭”的对开木窗之上作为采光材料。

就室内装修之主要组成部分木雕而言，承德外八庙较之藏、蒙寺庙又有所不同。在外八庙“都纲”的中空部分，有独特的象征皇权的木雕藻井和天花装饰。主要有两种形式：一种是圆形藻井，以木雕斗栱圆形布列，层层挑出托起。另一种是方形藻井，以抹角梁、井口梁叠加而成。藻井中央均为独龙戏珠的大型木雕。整个藻井全部采用贴金工艺。圆形藻井主要是普乐寺旭光阁，为圆形攒尖木构建筑，由斗栱与天花七层叠起，中心为一木雕盘龙，龙头向下，口衔卡仿环衔一银色宝珠，以一条约2米长之锁链相连。宝珠直径约50厘米。外檐部分为二层套叠波浪状木雕；内檐部分为五层。第一层为顺时针行龙木雕，第二层为顺时针展翅之孔雀，第三、四、五层均为海水状。雕工技艺和造型之美堪称我国藻井之冠。

方形藻井以普陀宗乘之庙“万法归一”

都纲和须弥福寿之庙“妙高庄严”都纲，以及安远庙“普度殿”为典型代表。外八庙之“都纲”为满足其使用功能和表现皇权至高，中空部分采用了减柱法，这正好满足了藻井结构的需要。中空部分为正四方形，加以抹角梁，再叠加井口梁及随梁坊逐渐内缩为深井。套叠二层之间以木雕斗栱托起藻井中心的藻井底板，中央悬下一龙头。叠套的岔角空间亦以木雕展翅飞凤。最外层部分亦雕以行龙。方形的三座藻井结构基本相同，仅尺度大小不一而已。

外八庙的室内天花采用“软、硬”两种做法。“软”天花又分为“海墁”天花和井口软天花二种。海墁天花即在屋架“帽梁”下，按以长方形“白堂篦子”，以“高丽纸”裱糊或加麻布衬地，最外层则是将画好的天花裱糊而成。井口软天花则是将画好的天花裱糊在方形的天花木框内，再安放在天花枝条上。硬天花则全部为木质，做以麻灰地杖，直接在天花板上沥粉彩画而成。硬天花由帽梁、支条和天花板三部分组成。天花彩画主要为支条和天花板部位。天花板正中为“圆光”部分，圆光之外为“方光”，方光与圆光之间四角为“岔角云”，圆光之内的图案多为莲花。外八庙“都纲”天花彩画图案多为“六字真言”，由六个“兰查文”（梵文的一种）字母组成的咒语，又称之为观世音使众生脱离六道轮回的心咒。译成汉字为“唵、嘛、呢、叭、咪、吽”。藏传佛教把这六字作为经典之源，汉语译为“珠宝在莲花上”。天花支条十字交叉处的“轱辘”是“时轮”和“六道轮回”（人、天、地

图6-2 普陀宗乘之庙大红台裙楼中央“万法归一”大殿的“六字真言”金龙和玺彩画

狱、饿鬼、畜生、阿修罗） 的艺术形象。莲花又似车轮，车轮与莲花融为一体。六字真言置于六朵莲瓣之中，象征在宇宙空间旋转，循环往复。“六字真言”天花图案是运用传统的彩画技术来描绘佛理，也包含了天圆地方的宇宙观。

外八庙供奉之佛像是清代皇家寺庙相对集中的地方。每座寺庙因其不同的建造背景和建造风格而供奉之主尊都有所不同。

承德外八庙的佛造像也与建筑一样，兼备汉、藏两种风格。早期寺庙和中期寺庙的前半部分所供之佛像，已相对定型化，如溥仁寺等。山门内两侧供二金刚力士，左为“密执金刚”，右为“那罗延金刚”，为佛教之护法神。俗称“哼哈”二将。天王殿内供奉四大天王。是佛祖的总护法，分别守护四方天。即东方“持国天王”，南方“增长天王”，西方“广目天王”，北方“多闻天王”。四天王手中各执一法器：剑、琵琶、宝伞和龙。民间释为“风调雨顺”之意。天王殿迎门供奉的是众人十分熟悉并喜爱的“大肚弥勒佛”，袒胸露腹，箕踞而坐，慈眉善目，笑口常开，与四天王之威猛恰成对比，成为博大宽厚、乐观豁达之象征。东西殿内，则往往供奉诸菩萨及罗汉，兼有喇嘛教密宗的护法金刚神。大雄宝殿为七堂中的主殿，殿内供奉多为“三世佛”，居中为佛祖释迦牟尼，东为弥勒，西为迦叶，法相庄严，端坐于高大莲花座上，分别主宰着过去、现在和未来世界。两厢常伴十八罗汉。七堂中建筑与佛像相辅相成，立意明确，主次分明，这与中国传统的伦理道德亦是相通的。

承德外八庙因建造背景各不相同，所供佛像也多有不同，但大多都与建筑的地位、功能造型、立意有着密切关系。普宁寺大乘之阁，位于大雄宝殿后部高台之上。殿内供奉我国现存最大的木雕千手千眼观世音菩萨。通高22.28米，腰围15米，用十五根巨大圆木做成主构架，外覆厚木板再雕成佛像，通身贴以金箔。42只手臂钩挂插接在主构架上，整个雕像用木材120立方米，重达110吨。构造难度远远超过了一座普通的建筑。这座大佛相传是受佛祖之命，发下宏大誓愿，以大慈大悲救度众生。无奈众生既多又愚昧，观音深感以自己的法力和神通承担不了此重任，此心一萌，其身顿时分成40段。这时观音之师无量光佛显现并加以

图6-3 普乐寺旭光阁藻井

藻井由斗栱与天花七层叠起，中心为一木雕盘龙，龙颈向下，口衔一银色宝珠，以一条2米长锁链相连。其雕工技艺和造型之美堪称我国藻井之冠。

宣导：救度众生岂能畏难而生疑惑之心？只要志坚，以佛之智慧和法力一定能如愿。此时，分裂之躯立时合为一体，周身生出42只手，每手心开有一眼，每手里持有日、月、乾坤带、轮宝、法螺、宝伞、戟、钺、杵、剑、钵、莲花、如意等法器、兵器、珍宝，表示观音所具有的法力无边。佛之面部有三眼，表示其已修正圆通，达到三摩（清净无垢）之境界，可应机示现法身、应身、投身多种变体，知过去、现在和未来之因果。

大佛躯体匀称，大而不拙、高而不呆，造型优美，衣纹曲线自然流畅。大佛呈前倾状，尽管佛头至地面达23米，但人站在佛台前仍可清楚观察到佛之面容。

图6-4 普陀宗乘之庙大红台裙楼一层回廊的“六字真言”海墁天花

图6-5 普乐寺天王殿中的北方多闻天王

图6-6 普乐寺天王殿中的南方增长天王

大乘之阁之三层回廊中还供有三世佛和八座木塔，以记述佛之一生圣迹。分别为：聚莲塔、多门塔、菩提塔、降魔塔、降凡塔、息净塔、胜利塔、涅槃塔。大乘之阁一层和二层的东西山墙上设有木雕万佛龛，每龛内置奉藏泥贴金无量寿佛，总计为10090尊。大佛之头部还供奉有其师无量寿佛。

作为弘扬藏传佛教的皇家寺庙群，密宗佛造像必不可少。在众多的密宗造像中“欢喜佛”最具代表性。“欢喜佛”有多种，普乐寺旭光阁内供奉的“上乐王佛”便是其一。这是喇嘛教的一种最高修炼方式，叫“无上瑜伽密”，呈男女双身合抱状，上乐王佛男身和女

图6-7 普宁寺主殿大乘之阁内供奉之主尊“千手千眼观世音菩萨”
此佛为木雕贴金，总高为22.28米，腰围15米。其结构用15根巨大木柱支撑，做上、中、下三层隔板形成一个木构框架结构，外覆厚木板，雕刻佛像及衣纹服饰，再通身贴以金箔。42只手臂勾挂插接在主框架上。整座佛像所用木材约120立方米，是我国现存最大的木雕千手千眼观世音造像。大佛左右各有二十只手，每手心刻有一眼。把四十只手和四十只眼乘以佛的二十五有（指佛的二十五重智慧变化），即变化出千手千眼。大佛手持之法器及兵器，意为吉祥和除魔。

身都是由佛和菩萨变化而来。男身代表智慧，女身代表禅定，经典称作“定慧双修”。普乐寺旭光阁供的欢喜佛为铜制，为外八庙此类佛像之最大者。因这些佛像均为清朝内务府造办处制作，故其工艺和造型水平都可称为佛像之精品。

在外八庙中，为庆贺皇帝寿诞而兴建的寺庙有三座，即溥仁寺、须弥福寿之庙和普陀宗乘之庙。溥仁寺是为康熙六十寿辰而建。寺中“宝相长新”殿内供奉九尊无量寿佛，一方面是康熙祝寿，另一方面又有新的内涵。当时，西藏达赖喇嘛被僧众视为观世音菩萨化身的活佛，而达赖喇嘛为取得清政府的支持，在表奏中也把康熙皇帝称为佛的化身，无量寿佛转

图6-8 普宁寺大乘阁剖面图

世。乾隆皇帝在避暑山庄永佑寺碑文中也作了表白："我皇祖圣祖仁皇帝（康熙），以无量寿佛示现转轮圣王，福慧威神，超轶无上"。皇帝也是佛，瞻香礼佛也就是朝拜了皇帝，臣服于中央政权寓意为"宇内一统"。

乾隆皇帝在几十年外八庙的兴建中，也为自己在神佛中找到了位置，他在殊像寺诗匾上写道："殊像亦非殊，堂堂如是乎。……法尔现童子，巍然具丈夫。丹书过情颂，笑岂是真吾。"诗中所说"丹书"指达赖喇嘛的奏章，该奏章

图6-9 普宁寺大雄宝殿内壁画

中称乾隆为“曼殊师利大皇帝”，汉译就是文殊大皇帝，把乾隆皇帝奉为文殊菩萨转世，殊像寺所供奉的文殊菩萨像，一说即是参照乾隆面容而塑。其所居之殿命名“宝相阁”，与康熙皇帝在溥仁寺所建之主殿“宝相长新”如出一辙。

佛像是寺庙建筑内的“主人”，佛像也能装饰于建筑的外部。普陀宗乘之庙的兴建恰逢乾隆六十寿辰，皇太后八十寿辰，故在其主体建筑大红台南侧正中，从上到下嵌饰六个琉璃佛龛，各龛内供奉一无量寿佛，而在女墙外檐，环绕建八十佛龛，亦供奉八十尊无量寿佛。用六与八十表征寿诞，有着极其明确的含意和装饰效果。

图6-10 普乐寺旭光阁大型木制曼荼罗内供奉的铜铸“上乐王佛”

上乐王佛俗称“欢喜佛”，是大日如来的法身，代表智慧；佛母（女像）代表禅定；只有“定慧兼备”才能成佛。双身结合，好像是鸟之双翅，车之两轮，缺一不可，只有这样才符合仪轨。这是喇嘛教密宗中一种最高级的修观本尊佛。

须弥福寿之庙的建造又是为迎接来热河为乾隆皇帝祝贺七十寿辰的六世班禅而建。主殿妙高庄严所供奉的主尊为释迦牟尼和藏传佛教的创始人、达赖和班禅的祖师宗喀巴。

总之，外八庙中大量栩栩如生、风采各异的佛造像，与寺庙建筑是密不可分的，是寺庙空间的主体。工艺上，无论是铜铸、泥塑、木雕、石刻还是髹漆夹纻，都反映了清初和康乾盛世时雕塑造像的最高水平，这与同期建筑工艺水平的高超是互为表里的。

图6-11 普陀宗乘之庙大红台南向外墙上的六层琉璃佛龛
系为祝贺乾隆皇帝六十寿辰而做。

七、金碧辉煌的金瓦殿

图7-1 普陀宗乘之庙大红台万法归一殿金顶和匾额

该殿为四角攒尖单层重檐镏金瓦屋顶。金瓦为鱼鳞状，分三联、四联及斜联等形式，以垒压法用铜制方钉钉于灰背之上。铜瓦厚度达2—3毫米。

镏金工艺最早出现在两千多年前的战国时期，当时已经能在青铜器的表面上镏金。镏金，就是把固体的黄金用水银溶解后覆到铜件的表面，使一件常见的铜饰物变为高贵富丽的极品。其工艺技术可分四道工序：首先是“杀金”，即将黄金粉碎加热溶化，倒入一定比例之水银，冷却后成金泥。第二道工序是“抹金”，把铜饰件表面打磨光洁，将金泥涂抹于上。然后是“开金”，即用火烤法将铜饰件上的金泥中的水银蒸发，使黄金贴附于器物表面。最后是“压光”，通常用琉璃石做成的压子沾皂角水擀压平光。

图7-2 普陀宗乘之庙万法归一殿屋脊和镏金脊兽、套兽和檐口如意滴水/上图

图7-3 普陀宗乘之庙大红台裙楼平台西北角的六角攒尖重檐镏金瓦顶“慈航普渡”亭/下图

图7-4 须弥福寿之庙妙高庄严金瓦大殿
四条波纹镏金大脊上有八条镏金行龙，制作工艺十分精细。金龙为分件组装而成，全部为铜板手工雕錾。

镏金工艺施之于建筑上，开始仅局限于局部的装饰构件。汉武帝时，营造宫殿曾铸铜为柱，遍涂黄金，又于屋顶铸铜凤凰，饰以黄金，使之光彩夺目。至唐又做成瓦件大量使用。《旧唐书》中记述当时“五台山有金阁寺，铸铜为瓦，涂金于上，照耀山谷”。明清以来，大量藏族寺庙尽用镏金铜瓦覆顶，以显宗教的神圣高贵，逐步成为喇嘛寺院的独特标志。

承德外八庙中普陀宗乘之庙和须弥福寿之庙都具有较浓重的藏族寺院色彩，其中五座金瓦殿的营造便是体现藏式宗教建筑韵味的点睛之笔。这五座金瓦殿分别是：普陀宗乘之庙的万法归一殿、权衡三界、慈航普度殿；须弥福寿之庙的妙高庄严殿和吉祥法喜殿。当时营造这五座金瓦殿共耗去上等金叶三万余两。这五座金瓦殿的构造方法都是在清官式木构屋顶的灰背上，用铜制鱼鳞状镏金瓦覆盖，以铜

图7–5 须弥福寿之庙妙高庄严殿镏金瓦顶的金龙和宝顶
其工艺为该庙之精华。

制方钉钉于灰背之上，瓦片相互垒压。铜瓦厚度为2毫米，脊饰分别采用卷草、夔龙、水波纹、寿字等。宝顶多用法铃、宝杵，脊兽有摩羯鱼、行龙，也有宫廷标准的龙凤、麒麟等走兽，汉藏题材兼备。但无论题材还是造型，均与琉璃、布瓦等大异其趣。每个饰件都可以看做一件文物或艺术品。妙高庄严殿屋顶四条脊上的八条镏金行龙，更是金瓦殿的代表，充分体现了铜质金属材料的优势，用四只龙爪支撑着悬空的龙身，每条金龙重约一吨，造型生动，是以往任何其他建筑材料所不能做到的。就金瓦而言，西藏地区寺庙的金瓦为平板搭接式，而外八庙的金瓦则为三联或四联的鱼鳞式，每件瓦件都留有充分的搭接压钉的部分，显然是更为坚固耐久。

八、政佛一体的法事活动

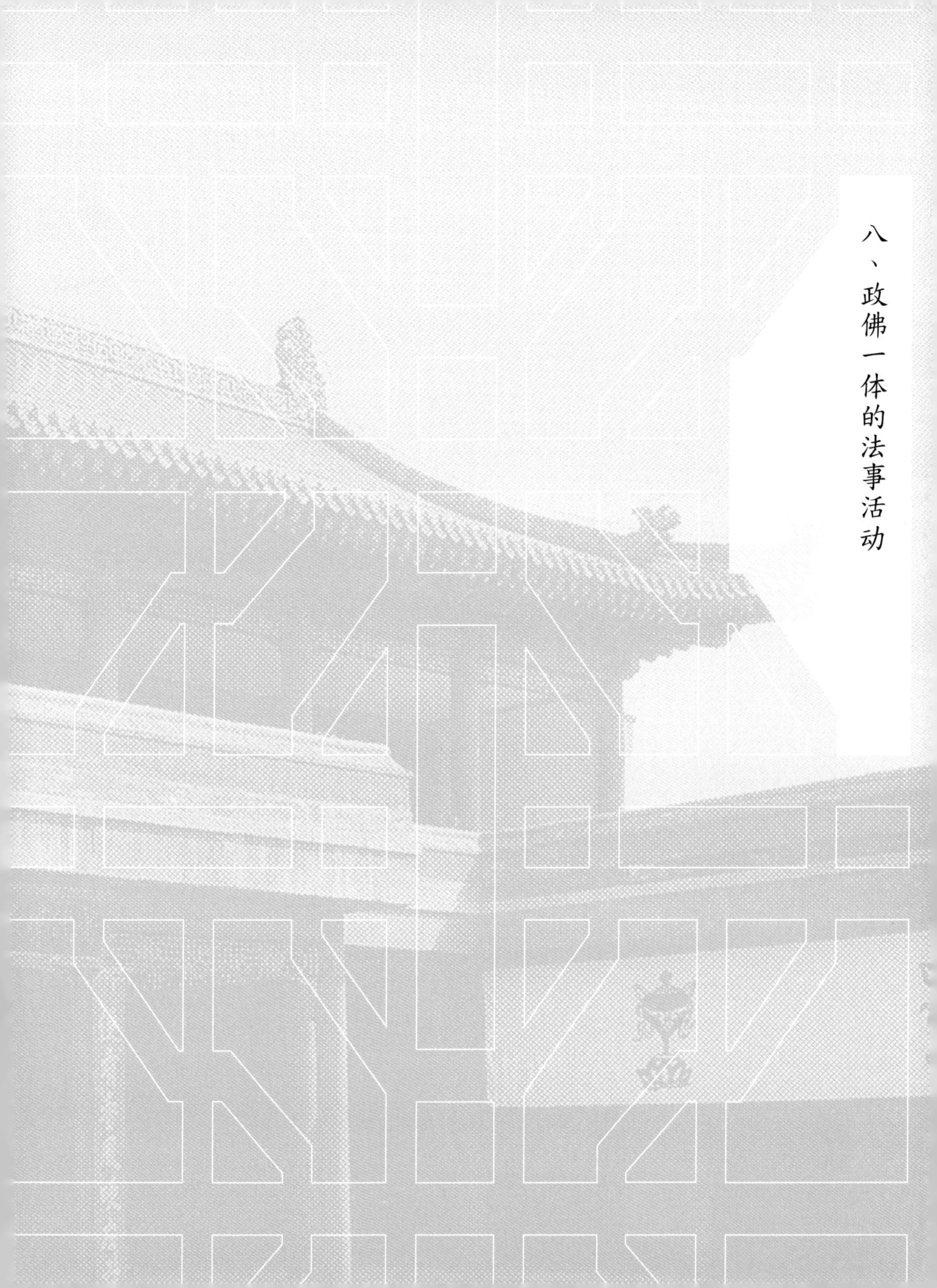

外八庙的正常佛事主要集中在普宁寺，形式多样，规模宏大。代表着皇家寺院不同凡响的礼仪规格。

开经日，在每年的正月初八、六月初六、十月十五，这几天是佛祖讲经说法的日子。每逢是日，外八庙中所有能诵经的喇嘛都集中到普宁寺，在大雄宝殿月台上设坛，各庙主事在殿内三世佛前就座，由身份最高的达赖喇嘛敲动木鱼，摇动铃杵，众多喇嘛同声唱诵，声声回荡在寺院内外。

正月十六是“跳布扎”，又译作“跳布踏”，俗称“打鬼”的日子。这是喇嘛教特有的宗教活动。译成汉语是“驱魔散祟”的意思。每年都要在普宁寺山门外广场上举行，以祛妖驱邪保佑天下太平。乾隆皇帝在《普宁寺观佛事》诗中描述到“……象龙步踏帷天力，老幼骈观与众娱”。百姓们把这一天视作盛大节日，前来观看的人群摩肩接踵、络绎不绝。

普陀宗乘之庙每年夏季，喇嘛们在殿内念水经，为佛祖释迦牟尼净面；腊月二十七、正月十四，众喇嘛在殿内念经送祟，祈求国泰民安。殊像寺每年的十二月初八，要向各庙蒙古僧施舍“腊八粥”。

图8-1 乾隆三十六年（1771年）乾隆皇帝在普陀宗乘之庙万法归一殿接见由伏尔加河流域回归祖国的土尔扈特汗渥巴锡一行/对面页

图8-2 须弥福寿之庙中部主殿万法宗源殿
此殿原为六世班禅由西藏来热河时所带二十名高僧在此翻译藏经之地，乾隆亲赐殿名为“万法宗源”。

这些庙宇都是由皇家敕建，非为平头百姓礼拜之地，而是少数民族首领、王公大臣、宗教领袖等上层人物礼佛膜拜，臣服皇权的场所，普通百姓是不准入内的，即使官员也有等级限制。普陀宗乘之庙门前石碑上明文规定：“嗣后凡蒙古扎萨克来瞻礼者，王以下，头等台吉以上及喇嘛等，准其登红台（庙主礼建筑）礼拜，其余官职者，许在琉璃牌瞻仰，余概不准入内”。

承德外八庙的佛事活动多与清政府的政事、国事紧密相关。每一座寺庙都发生过与清代历史息息相关的重大事件以及随之而产生的佛事活动。例如，乾隆二十四年（1759年）五月，世居新疆伊犁的厄鲁特蒙古达什达瓦部六千余人，在达什达瓦寡妻率领之下，分两批内迁到承德。由于长途跋涉和途中与叛军的激烈战斗，到达承德时只剩下2136人。乾隆将他们重新编为九个佐领，归入驻防八旗，隶属于

图8-3 须弥福寿之庙大红台裙楼内中心大殿“妙高庄严”内景

殿内供奉镏金佛祖释迦牟尼及大量佛像、佛塔及六世班禅讲经说法及乾隆皇帝听经的佛座、宝座。

上三旗，拨给牲畜，划给牧场，发给粮饷，营造房舍，并仿新疆伊犁固尔扎庙建安远庙（俗称伊犁庙），随同迁居的17个喇嘛也安置在此庙。乾隆皇帝每年都要率领各族王公、台吉及众臣到庙内普度殿拈香、瞻礼。

为了推崇喇嘛教，清初的几位皇帝都以极高的礼仪来接待藏、蒙宗教领袖。顺治皇帝为了达赖五世活佛的来京，专门在北京为他修建了西黄寺，并给予优惠款待和封赠。乾隆皇帝自继位八年之后即诵习蒙古及藏文经典，有五十余年之久。他还尊章嘉为国师，修习教法，故对喇嘛教十分精通，尤其对被奉为“神王”的达赖、班禅的影响了解甚详。故按其皇祖之法，营造了仿拉萨布达拉宫和日喀则扎什伦布寺的普陀宗乘之庙和须弥福寿之庙，安置了喇嘛近千名。乾隆三十六年（1771年）普陀宗乘之庙落成。乾隆皇帝在该庙“万法归一”大殿接见了由伏尔加河流域回归祖国的土尔扈特汗渥巴锡一行。并请章嘉国师和漠北大活佛扎雅、班弟讲经，举行法会。为纪念土尔扈特部33000多户近17万人，长途跋涉、颠沛流离，几乎丧失了所有的牲畜和财产，以及丧失近10万个生命，回归祖国的英雄业绩，乾隆亲笔撰写了《土尔扈特全部归顺记》和《优恤土尔扈特部众记》，刻石立碑于该庙之碑亭。

乾隆四十五年（1780年）七月二十一，六世班禅由后藏到达热河为乾隆皇帝七十寿辰祝寿。乾隆皇帝决定在热河仿班禅行宫建须弥福寿之庙供班禅居住。并修建了“万法宗源”殿，由班禅带来的经师翻译藏文大藏经。届时，在此庙举行了隆重的开光仪式和一系列重要的佛事活动。乾隆皇帝在主殿妙高庄严殿内聆听了班禅活佛讲经说法，接受了班禅的无量寿佛大灌顶，乾隆皇帝为班禅颁发了金册、金印。

溥仁寺系为康熙皇帝六十寿辰而建，故每年元月十八康熙寿诞之日，都要举行诵经法会，为皇帝祝寿，为国家祈福。

外八庙的各项宗教法式活动，都与皇帝赋予寺庙的政治功能相结合。宗教为政治服务，为其稳定江山和统一多民族国家的安定团结、繁荣昌盛服务，大量的佛式活动都是这一宗旨的具体直接反映。

九、佛学文化的展示

寺庙作为宗教的特定活动场所，在它那厚重的大墙内，也包容了我国几千年文化的丰富积淀，每当在我们赞叹它们的不凡成就之余，往往还会欣赏到优美的书法和金石镌刻艺术。那些富于哲理人生的楹联匾额、诗赋，引人浮想，深化意境，给寺庙增添了高雅的文化气氛。

承德外八庙作为皇家寺庙，无论庙名、碑记到各殿之匾联均由皇帝亲题并书写。其内容有抒发天下一统、民族团结的，有阐明宗教教义的，也有记事抒情的。为了体现民族团结，各庙匾额均采用满、汉、蒙、藏四体书写，其他大量的碑铭石刻亦如此，成为承德外八庙所特有的一种寺庙文化现象。各藏蒙民族首领大臣们在瞻礼佛寺时，可更加直接读懂这些寺庙的深远含义。在文化和民族情感上起到缩短清王朝与边疆民族距离的作用。

外八庙中的楹联，除阐述宗教内容外，更多的是反映政治内容和统治者的主观意愿。

“妙相合瞻千利资诸福，繁厘同祝万欢洽群藩”。这是乾隆皇帝题于普陀宗乘之庙千佛阁的一副楹联，其意是瞻仰千佛之慈颜，能把福德带给众生；普天同庆，各民族欢聚一堂。

“震旦教宏宣，广刹昙霏普资福荫。朔陲功永定，新藩鳞集长庆宁居。”此联在普宁寺大雄宝殿。联中“震旦”是古印度对中国的称谓。“朔陲”指边疆地区。“新藩”

图9-1 须弥福寿之庙中心大殿“妙高庄严”殿内上方悬挂有乾隆皇帝亲笔手书的匾额“宝地祥轮”和匾联

指新归顺的厄鲁特蒙古四部。“昙霏”为佛教术语，其意为“佛法”。全联意为：佛教在中国广为传播，寺庙和佛法均得到佛的保护，并赐福人间；平定准噶尔叛乱大功告成，新归顺的西北边陲各族首领接踵而来，齐集承德庆祝天下太平。

“竺乾云护三摩峙；朔漠风同万里绥”。此联系安远庙普度殿内楹联。“竺乾”指印度，“三摩”指安远庙对面仿西藏三摩耶寺建造的普宁寺。“朔漠”是指北部边疆。全联意为佛界法力护持着承德的寺庙，边疆与中原内地一样，安定祥和。

还有一些楹联是抒情写景的，如“镇留岚气间庭贮，时落钟声下界闻”和“虚无梵呗空中唱，缥缈天花座上飘”。

这是普宁寺大雄宝殿内的两副楹联，前一副是说山岚之气长久地贮留于寺院之中，耳中又不时传来阵阵钟声。后一副是说僧侣们的诵经声从空中传来，疑为虚幻的天花飘落人间。

更有部分楹联是抒发佛学禅理的。如普陀宗乘之庙权衡三界殿楹联写道：“法界现神威即空即色，梵天增大力非住非行”。据佛教《般若心经》云：“色不异空，空不异色，色即是空，空即是色。”这是说空与色、住与行，两个完全相反的事物之间的相互包容佛学的深邃哲理。

图9-2 普乐寺宗印殿内供奉的三方佛

东方琉璃世界药师佛（左）；主尊婆娑世界释迦牟尼佛（中）；西方极乐世界阿弥陀佛（右），及乾隆皇帝手书楹联。

在外八庙的匾额中，各寺庙之名如“普宁”、“普乐”、“安远”、“广安”等，都具有鲜明的政治色彩。其内部各个殿座题额，则大多反映佛教本义。有反映佛之境界的，如“金轮法界”、“须弥臻胜”、“极乐世界”、“大乘妙峰”等。有标明佛之功德的，如“仁佑大千”、“慈航普度”、“慈云普荫”等。有弘扬佛法的，如“万法归一”、“妙德圆成”、“示大自在”等。所有寺庙题额和楹联，都不同程度地反映了清朝皇帝尊崇藏传佛教、安塞固疆、实现宇内一统的强烈愿望。

大事年表

朝代	年号	公元纪年	大事记
清	康熙十六年	1677年	此年始，康熙皇帝定期率官兵北出塞外巡视，围猎，于沿途开始建置行宫
	康熙四十二年	1703年	在塞外热河，将热河行宫扩建为清朝第二个政治中心——避暑山庄
	康熙五十二年	1713年	康熙（玄烨）皇帝六十寿辰，为祝寿，建溥仁寺；同年，建溥善寺
	雍正元年	1723年	设热河厅
	雍正十一年	1733年	设立承德直隶州，热河改为承德
	乾隆六年	1741年	乾隆（弘历）皇帝继位后首次出塞巡猎
	乾隆二十年	1755年	清军出后平定新疆准噶尔部达瓦齐的叛乱；仿西藏三摩耶庙开始兴建普宁寺
	乾隆二十三年	1758年	再次出兵平定准噶尔部阿睦尔撒纳的叛乱，乾隆撰写了“平定准噶尔勒铭伊犁之碑”立于普宁寺内
	乾隆二十四年	1759年	普宁寺落成；新疆达什达瓦部众迁居热河
	乾隆二十五年	1760年	建普佑寺于普宁寺东侧

朝代	年号	公元纪年	大事记
清	乾隆二十九年	1764年	仿新疆伊犁固尔扎庙开始兴建安远庙
	乾隆三十年	1765年	安远庙落成
	乾隆三十一年	1766年	兴建普乐寺
	乾隆三十二年	1767年	普乐寺落成
	乾隆三十二—三十六年	1867—1771年	仿西藏拉萨布达拉宫建普陀宗乘之庙，其间适逢乾隆皇帝六十寿辰（1770年），皇太后八十寿辰（1771年）。各部少数民族首领齐来承德祝寿
	乾隆三十六年	1771年	土尔扈特部由沙俄回归祖国，首领渥巴锡来承朝见乾隆皇帝
	乾隆三十七年	1772年	兴建广安寺
	乾隆三十九年	1774年	仿五台山同名寺院建殊像寺；仿浙江海宁安国寺建罗汉堂
	乾隆四十年	1775年	殊像寺落成
	乾隆四十四年	1779年	仿西藏日喀则扎什伦布寺兴建须弥福寿之庙
	乾隆四十五年	1780年	须弥福寿之庙落成；乾隆皇帝七十寿辰，六世班禅千里跋涉由西藏来承德祝寿；同年建广缘寺

图书在版编目（CIP）数据

承德外八庙 / 傅清远等撰文 / 摄影. —北京：中国建筑工业出版社，2013.10

（中国精致建筑100）

ISBN 978-7-112-15819-5

Ⅰ. ①承… Ⅱ. ①傅… Ⅲ. ①外八庙–建筑艺术–图集 Ⅳ. ① TU-885

中国版本图书馆CIP 数据核字（2013）第210532号

责任编辑：董苏华 张惠珍 孙立波

技术编辑：李建云 赵子宽

图片编辑：张振光

美术编辑：赵 清 康 羽

书籍设计：瀚清堂·赵 清 周伟伟 康 羽

责任校对：张慧丽 陈晶晶 关 健

图文统筹：廖晓明 孙 梅 骆毓华

责任印制：郭希增 臧红心

材料统筹：方承艺

中国精致建筑100

承德外八庙

傅清远 王立平 撰文/摄影

中国建筑工业出版社出版、发行（北京西郊百万庄）

各地新华书店、建筑书店经销

南京瀚清堂设计有限公司制版

北京顺诚彩色印刷有限公司印刷

开本：889×710 毫米 1/32 印张：3 插页：1 字数：125 千字

2015年9月第一版 2015年9月第一次印刷

定价：**48.00**元

ISBN 978-7-112-15819-5

（24337）